核与辐射应急科普趣味系列丛书之八

核与辐射应急

环境保护部核与辐射安全中心 编著

原子能出版社

图书在版编目（ＣＩＰ）数据

核与辐射应急 / 环境保护部核与辐射安全中心编著.
-- 北京：中国原子能出版社，2015.12（2024.06重印）
（核与辐射应急科普趣味系列丛书）
ISBN 978-7-5022-7033-9

Ⅰ.①核… Ⅱ.①环… Ⅲ.①放射性事故 – 应急系统
– 普及读物 Ⅳ.①TL73-49

中国版本图书馆CIP数据核字(2015)第315573号

核与辐射应急（核与辐射应急科普趣味系列丛书）

出版发行　中国原子能出版社（北京市海淀区阜成路43号　100048）
责任编辑　付　凯
策划编辑　付　凯
装帧设计　井晓明　赵　杰
责任校对　冯莲凤
责任印刷　赵　明
印　　刷　北京九州迅驰传媒文化有限公司
经　　销　全国新华书店
开　　本　880 mm×1230mm　1/24
印　　张　2
字　　数　39千字
版　　次　2015年12月第1版　2024年6月第3次印刷
书　　号　ISBN 978-7-5022-7033-9　　　定　价　20.00元

订购电话：010-68452845　　版权所有 侵权必究

《核与辐射应急科普趣味系列丛书》
编委组

主　编

刘圆圆　岳会国　王晓峰

副主编

李　锦　侯　杰

编　委（以姓氏拼音为序）

陈　鹏　戴文博　侯　杰　李　锦

刘圆圆　刘瑞桓　李宇轩　李炜炜

宋培峰　王晓峰　王桂敏　王彩环

许龙飞　徐　婷　岳　峰　岳会国

美编

曹　珍　赵翰青

核与辐射应急

目 录

篇章一：引言

爸爸寄来的包裹

今天是我开学的日子，老师在课上问我长大后想做什么，我说我的梦想就是做一名科学家，造福人类，让大家幸福快乐地生活。

放学回家后，我在家里开心地做手工，突然，门铃响了起来，妈妈说："小安，快去开门！我在洗碗走不开！"我打开门一看，原来是快递员叔叔。

快递上有爸爸的名字，我冲着厨房大喊："妈妈，有爸爸寄来的包裹！"妈妈从厨房走出来，拆开了包裹，里面是一本书，妈妈说，书名是《揭开核与辐射的神秘面纱》。我问妈妈，什么是核与辐射，妈妈想了想挠挠头……

啊？原来地球人不知道核与辐射是什么啊？我得去帮他们解答！

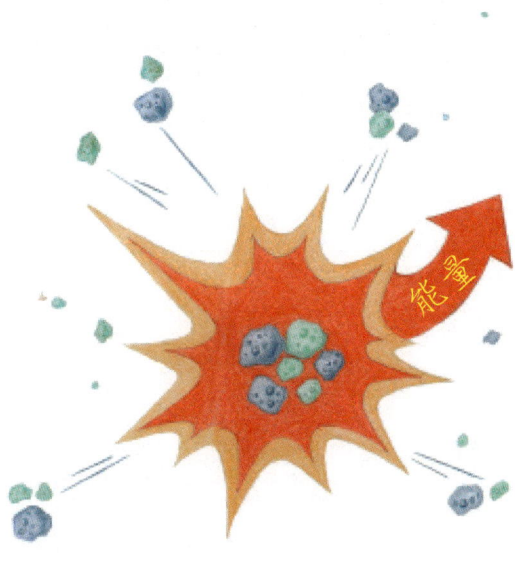

小安正坐在电视机前面看动画片，突然，客厅的窗户外面白光大盛，耀眼的白光过后，一个紫色头发、头戴王冠的小男孩出现在小安面前。

"你好，小安，我是来自原子星的α小王子，我通过顺风耳听到了你和你妈妈的对话。你们可能对核与辐射不是很了解，我们星球都使用核能，所以我来为你解答你的疑问，可以吗？"紫色头发小男孩说道。

　　小安一边揉着被白光晃花的眼睛，一边说："好啊好啊！"

　　α小王子说："核与辐射可真是说来话长，咱们坐下来，我慢慢给你讲。"说话间，α小王子拉着小安，一左一右坐在了沙发上。

　　"世界上的所有东西都是由原子构成的，原子是很小很小的颗粒，在它的中心有一个原子核。当原子核发生衰变（原子核自发射出粒子，而变为另一种核的过程），裂变（一个原子核分裂为两个或更多的核）或聚变（两个轻原子核结合为一个重原子核）时，会释放出极大的能量，这就是核能。"小安睁着大眼睛，盯着α小王子认真地听着。

"接下来，我们再说一下什么是辐射。辐射是以波或粒子的形式向周围空间或物质发射并在其中传播的能量的统称，比如声辐射，热辐射，电磁辐射，粒子辐射等都是辐射哦。所以呀，我们日常生活中到处都有辐射的存在，我们吃的食物、住的房子、天空大地、山岳草木，乃至人的身体都有辐射。所有生物体都会受到自然界中始终存在的辐射照射。"α小王子滔滔不绝地讲着。小安睁大了双眼，有些害怕地说道："听起来好可怕呀，那我们身边处处都是辐射，我们的身体岂不是受到了很大的伤害？"

α小王子笑着说："哈哈，我猜你就会害怕的。这个你不要担心，因为我们生活中的辐射剂量都是很小的，不会对人体造成伤害。"

小安的眼中闪动着好奇的光芒，问道："什么是辐射剂量呢？"

α小王子说："小安的身高是用长度来衡量的，我们身体受到的辐射照射的多少，就是用辐射剂量来衡量的。看看下面的图，你应该可以对日常活动的辐射剂量有所了解了。"

生活辐射剂量图：

核电站周围 0.01毫希／年
胸肺透视一次 0.02毫希／次
北京至欧洲飞机往返一次 0.04毫希／次
土壤 0.15毫希／年
水，粮食，蔬菜，空气 0.25毫希／年
砖房 0.75毫希／年
我国某些高本底地区 3.7毫希／年

篇章二：什么是应急？

街上的收获

2020年4月1日 晴

　　认识了新朋友我很开心，α小王子懂得真多，给我解答了我的疑问。我跟妈妈介绍了我的新朋友，妈妈也很开心，我们一家正式邀请α小王子在我家住几天，α小王子笑着说："太好了，我第一次来地球，正好也想参观一下呢！"

　　第二天，我和α小王子在街上玩，α小王子拉着我的手指着街对面说："你快看，那边有好多人在排队领书，我们也去看看吧！"通过红绿灯过到马路对面后，我看见马路边有一张桌子，后面打着条幅，上面写着"公众应急宣传日"几个大字。

我问工作人员叔叔："叔叔，您发的是什么书？"叔叔对我说："小朋友，这本书叫《公众应急手册》。"我问叔叔："应急是什么意思呀？"叔叔说："应急就是应对突然发生的需要紧急处理的事件。我们发放的《公众应急手册》就是告诉大家在生活中如果发生紧急情况时大家应该怎么办。你和你的朋友领取几本吧，回家可以跟家人一起好好学习书上的知识哦。"

　　真是一本好书，那位叔叔是个好人，我很喜欢。

篇章三：核技术利用与核电厂

神奇的核技术

2020年5月28日 雨

应急手册拿回家之后，我和α小王子还有妈妈一起学习了上面的内容，妈妈还在家里买了逃生的绳索，火灾发生时可以通过窗户逃生到外面的。那根绳子看着好结实的样子。

今天爸爸的包裹又到了，除了给妈妈买的化妆品以外，还有一本讲核技术利用的书，书的开头我虽然不是很懂，不过感觉很有趣。开头是这样子的：

"56年前中国第一颗原子弹爆炸成功，打破了西方国家的核垄断，确立了我国核大国的地位。56年后的今天，核科学技术已不再仅用于国防，它已渗透到国民经济的各个领域：核能发电、工业探伤、辐照育种、材料改性、放射性诊断和治疗等等……（摘自《走近核科学技术》一书）"

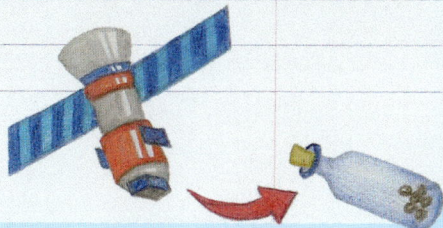

11

　　我问α小王子，核技术是什么呢？他告诉我说，核技术是人们对核应用技术的简称。我想，那核技术一定是高科技吧，听名字就感觉很高科技呢。

　　α小王子说："小安，核技术听上去似乎离我们的生活很遥远，其实呀，核技术利用所带来的便利已经渗透到我们的生活当中了。无需刻意寻找，因为它就在我们左右，在我们衣食住行等各个方面，比如我们日常体检或身体检查时，医生有时会给我们拍X光片，以辅助他们的诊断，X光机能拍摄骨骼的照片利用的就是辐射成像技术。其实这

小贴士

　　核技术被喻为打开微观世界的钥匙，也是世界各国重点发展的前沿科技。其应用领域非常广阔，种类也非常多，并且与人们的生产、生活密切相关哦。

只是最常见的核技术在医学上的应用，除此之外，还有其他一系列用于诊断和治疗多种疾病的设备、仪器以及放射性药物。"

我问α小王子，我家不远处的海边有一座核电厂，那它算不算是核技术利用的例子呢？α小王子说："不是的，核电厂属于核能的应用，虽然核技术利用和核能均属于核科学与技术的范畴，但是不能将两者混淆哦。"

哇！原来这就是给我们发电的核电厂啊！好大啊！真壮观！那么大的建筑会爆炸吗？

哈哈，不用担心，你说的那是核事故，我先给你科普一下小知识，核事故是指大型核设施，例如核燃料生产厂、核电厂、核动力舰船及后处理厂等发生的意外事件，可能造成厂内人员受到辐射损伤和放射性污染。严重时，放射性物质泄漏到厂外，污染周围环境，对公众健康造成危害。不过呢，你放心，国家有一整套完整的体系来应对这种情况的！

那我就放心啦！快陪我一起进去看一看吧！

小贴士

核电厂是指将核能转换为热能，用以产生供汽轮机用的蒸汽，汽轮机再带动发电机中构成了产生商用电力的电厂。

篇章四：不能触摸的“项链”

这个就是放射源！

啊！好漂亮啊！我能把这个拿回去跟小朋友们一起玩吗？

这只是个模型，真的放射源是不可以跟人类接触的哦，一旦接触的话，有可能造成辐射伤害。

辐射事故主要指除核设施事故以外，放射性物质丢失、被盗、失控，或者放射性物质造成人员受到意外的异常照射或环境放射性污染事件。

嗯，不过我们国家肯定有一套完整的体系来预防及应对这种情况吧！

哈哈，小安真聪明！都学会抢答了！

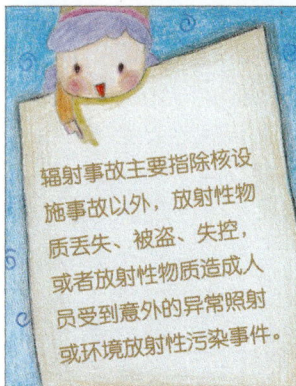

小朋友们要远离放射源，千万不可以触摸哦！

辐射危险，尽快远离！

想一想 小安与α小王子在马路上，发现远处有一条铁链子（样子很好看），小安应该怎么做？（小提示：小朋友们，回忆一下篇章四里的内容）

篇章五：五道防线保护你

核电厂的五道防线

2020年6月5日

上次跟α小王子一起去了核电厂参观，很开心呢，回家跟妈妈说了之后，妈妈很担心我，叫我下次不要去了。我很不开心。

α小王子听见了妈妈的话，说："阿姨，您不要害怕核电厂，其实它很安全的。"

妈妈皱眉说道说："α小王子，我知道你们星球的核能利用很先进，可是我们地球上的核电不安全呀，几年前我们国家的邻国还出现核事故了呢。"

α小王子说："事故的概率只能不断降低，无限趋近于零，但是不可能降为零。您知道吗，为了保证核电厂安全，其实设置有五道防线呢！"

我感到很惊讶，竟然有五道防线！我说："五道防线，感觉好厉害，为什么有这么多防线，五道防线是一样的吗？挖壕沟还是堆沙袋呢？"

α小王子说："哈哈，小安你真有趣，咱们核电厂的五道防线，不是战场上的壕沟和沙袋组成的防线，是设计师叔叔们的智慧结晶，我来给你和阿姨介绍一下吧。

第一道防线，设计和建造过程中，严把质量关，防止偏离正常运行和系统故障；第二道防线，运行技术规范。核电厂在安全区间内发电，一旦有偏差，就及时纠正，加以控制，防止它们演变成事故；第三道防线，万一偏差没能及时纠正，核电厂安全系统和保护系统就会自动启动，防止事故恶化；万一第三道防线也出了问题，第四道防线就会启动，保证安全壳不被破坏，防止放射性物质外泄。第五道防线，进行场外应急响应，努力减轻事故对公众和环境的影响。有了这五道防线，阿姨可以放心核电厂的安全了吧？"

妈妈总算松了口气，笑着跟α小王子说："听上去真的很可靠呢。"

我跟妈妈说我还想去核电厂参观，妈妈微笑着同意啦，真好。α小王子要陪我一起去，妈妈很放心，让我们注意交通安全，天黑前一起回来。

小贴士

什么是安全壳?
为防止核反应堆在运行或发生事故时放射性物质外溢的密闭容器。

篇章六：核事故，我不怕！

电视里的大演习

2020年7月7日　晴

　　早晨，我和α小王子坐在桌前吃早餐，电视新闻里面出现了我没有见过的画面，屏幕上停着救护车，汽车，还有帐篷和很多"白色的人"。这些人好奇怪呀，我问α小王子："他们也是外星人吗？感觉和你不是一个星球的人呢。"α小王子嘴里的牛奶差点喷出来，他擦了擦嘴角，笑着说："哈哈，这些人是跟小安一样的地球人，这是在进行核应急演习。你看新闻下方的标注是'神盾—2020国家级核应急演习'，这就是这次演习的名称啦。""什么是核应急呢？听上去感觉是与核有关的事情，而且还是很着急的大事情呢。"我心想。α小王子跟我说，核应急就是万一核电站发生了事故，放射性物质外泄，国家就会马上采取措施来保护大家，保护环境，降低损失，不让不可接受的灾难发生。看来核应急真的是很重要的大事情。α小王子还告诉我说，我们国家的核应急水平很先进。我感到很开心，我们的祖国真伟大！

篇章七：严密的应急计划

要是真发生了核事故，国家才不会管我们呢，哼。

不是这样的。

小安，你怎么了？

他们说真发生了核事故，国家不会管我们。

我来给你讲一讲中国的核应急体系吧。

这下懂了吧，要是真出了事故，全国上下会团结一心，一团应对。

国家级：国家级别的专业应急队伍，包括国家领导人、解放军等相关领域专家和硬件支持。

省　级：省级别的专业应急队伍、人员和硬件支持等。

核电厂：事故所在核电厂的专业应急队伍人员和硬件支持等。

篇章八：应急保障

小安：我们怎么能及时发现异常状况呀？

α小王子：你看这些叔叔阿姨们，他们一年365天，每天都保持24小时待命，保证在核电厂发生突发事件时，及时启动应急体系。

小安：啊，他们好伟大啊，就像是在暗中保护我们的超级英雄。α小王子，超级英雄们都有什么超酷的装备吧？

α小王子：必须有啊！你看，这些设备、汽车、轮船甚至飞机都是他们的可靠装备，能够对环境实现全方位的立体监测。而且，这些设备日常还会得到精心的维护呢。

α小王子：另外，还会有应急食品呢，不会像你现在这样饿的肚子咕咕叫。走吧，咱们俩出门去美餐一顿！

篇章九：核与辐射应急准备与响应

核事故应急演习　　辐射事故应急演习

1. 检验应急计划的有效性，应急
　 准备的完善性
2. 检验应急响应能力的适用性
3. 检验应急人员的协同性
4. 检验应急设施的有效性

想一想

1. 应急演习与真正的应急
有什么区别？
2. 如果你去参加应急演习
你会做什么？

篇章十：辐射防护

看海

2020年8月23日　多云转晴

今天早晨开始天气不是很好，不过吃过中午饭之后，天气就晴朗了。α小王子提议去核电厂附近去看海，我觉得这主意很棒。那里真的很宽阔。

我和α小王子坐在沙滩上看海，α小王子跟我说："四小安，你知道吗，如果核电厂出现事故，可能会对周围的人和环境造成伤害。"

我很害怕，问他："真的吗？那好可怕啊，我们快离开这里去别的地方玩吧。"

α小王子笑了笑，继续说："其实，只有放射性物质扩散到环境中的核事故才有可能出现环境的放射性污染和公众的放射性伤害。"

原来是这个样子呀。我想起了α小王子之前跟我讲的"纵深防御"，核电厂有五道安全防线呢，所以放射性物质不会扩散到环境中，那么也就没有什么好担心的了。于是我和α小王子继续在海边玩耍。

太阳落山前我们回到家，妈妈已经做好了鸡蛋羹，真是开心的一天。

"核电厂的放射性的物质一旦泄漏出来，那该怎么办呢？"小安脑袋上一堆问号，十分不解。

　　"核电厂出现事故或是核技术利用单位遗失放射源产生的辐射都有可能对人体造成伤害。但是不要盲目的害怕，小安，我们只要科学地认清辐射，就可以很好地保护自己。辐射对人体的伤害总的来说可以分为内照射和外照射。"

α小王子说道。

　　小安好奇的问道："什么内照射和外照射？"

　　α小王子笑道："内照射就是放射性物质随着呼吸的空气或吃喝的食品饮品进入人体后形成的持续性辐射，而外照射就是放射性物质在体外对人体造成的照射，比如空气中、地面或建筑物表面、皮肤衣物表面。小安看这里。"说话间，α小王子从身后拿出了一个黑板，用一支粉笔在上面开始写板书。

　　小安看着黑板，表情认真地思索着。

外照射防护三原则：

 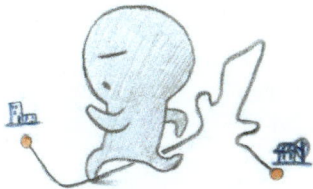 

时间防护　　　　　　距离防护　　　　　　屏蔽防护

内照射防护：切断放射性物质进入人体的途径（空气，食物和水，皮肤或伤口）。

外照射：辐射源在身体外面，辐射由体外射入体内。

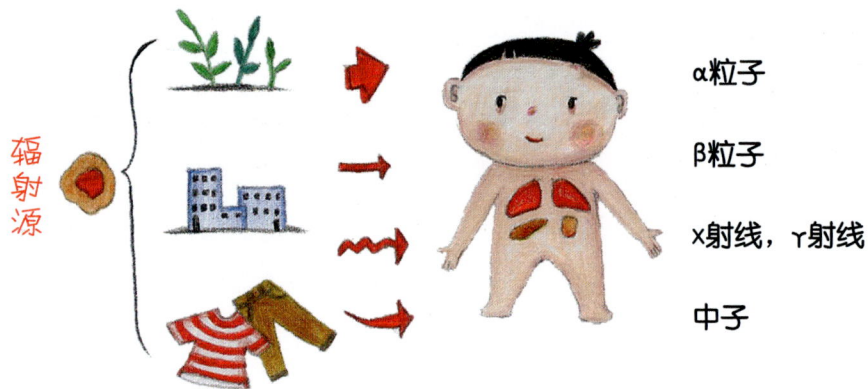

辐射源

α粒子

β粒子

x射线，γ射线

中子

内照射：辐射源进入体内，持续辐射体内组织器官。

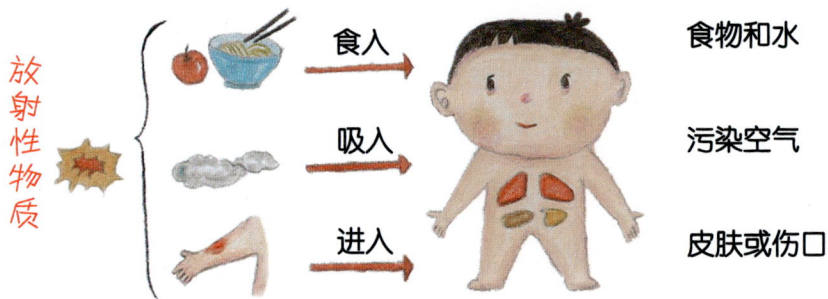

放射性物质

食入　　食物和水

吸入　　污染空气

进入　　皮肤或伤口

自救演习

今天早晨我吃了面包牛奶之后，就和α小王子一起去玩耍了。路过消防队叔叔的大楼时，我说："我们去年的时候，消防队的叔叔们来学校组织我们进行火灾演习呢。当时学校楼道里面的模拟烟雾好浓，真的是看不清平时的场景，分不清楼梯在哪里。"

α小王子说："那你知道出现核事故的时候你该怎么办吗？要不今天我们来做一个模拟演习的游戏吧。"

我和α小王子回到家里，他说："首先要做的是'隐蔽'，要把门窗关上，空调也要关闭，防止外界的空气进入到屋子中。"

"事故可能释放含有放射性碘的物质，当释放量较大时国家的工作人员会给小安发放含有稳定性碘的东西，服用了稳定性碘，会有效阻止放射性碘对人体的伤害。"

α小王子说，我如果是一个汽车的话，那么碘元素就是乘客，稳定性碘把座位都占上之后，有害的放射性碘就没办法在我体内占座啦。

α 小王子还说，要听从国家的指挥，关注电视，广播等权威媒体的新闻，不要恐慌，不轻信，转发谣言。这跟我的老师讲的话很像。

α小王子拉着小安的手，说："防护行动是用来保护大家的，让小安和小安的家人、朋友不受到辐射照射的伤害。"

小安很开心，但是脸上有一丝担心的神色，说："我们班的小明是个调皮的孩子，总是不听老师和家长的话，如果他不参与防护行动，那怎么办呢？"

"咱们的防护行动是由政府派来的叔叔阿姨监督实行的，是带有强制性的保护措施。所以小明也要参加防护行动的，小安放心吧。"α小王子说完，小安这才松了一口气。

"今天恰好赶上了防护演习，咱们一起去参与一下吧，回到学校后，小安要跟小明好好地讲讲这些防护行动呢。"说完，α小王子带领小安，将隐蔽、服用稳定碘、撤离、食物和饮水控制、人员去污、个人呼吸道和体表防护、通道控制、地区去污和医学处理等防护行动都参与了一下。

想一想：

1. 如果有个人呼吸到了含有放射性物质的空气，那么这个人受到的是外照射还是内照射？

2. 小安妈妈的朋友圈里有人说某地核电厂爆炸，妈妈很紧张，小安这时候应该怎么做？

篇章十一：明天会更好

风和日丽的一天，小安与α小王子又来到了核电厂旁边的海滩上。在灿烂的阳光下，小安笑着对α小王子说："我们国家真厉害，核应急做得真好。"

　　α小王子拍拍小安的肩膀，说道："中国的核与辐射应急体系还在不断完善，不断进步呢，好多叔叔阿姨为了保护小安，在核应急相关岗位上辛勤工作着。"

　　小安目光炯炯，脸上显出了认真的神色，说道："我要快点长大，像他们一样为国家做贡献！"

　　"遇到突发事件时，要听从国家的指挥，记得告诉身边的小朋友哦。"

　　"知道啦！"